2015
北京建筑装饰行业
百名优秀设计师作品集

Decoration
Industry

北京市建筑装饰协会建筑装饰设计专业委员会
北京建筑装饰设计创新产业联盟 编

江苏凤凰科学技术出版社

图书在版编目（CIP）数据

2015北京建筑装饰行业百名优秀设计师作品集 / 北京市建筑装饰协会建筑装饰设计专业委员会，北京建筑装饰设计创新产业联盟编. -- 南京 : 江苏凤凰科学技术出版社，2017.5

ISBN 978-7-5537-7637-8

Ⅰ. ①2… Ⅱ. ①北… ②北… Ⅲ. ①室内装饰设计—中国—现代—图集 Ⅳ. ①TU238-64

中国版本图书馆CIP数据核字(2016)第314132号

2015北京建筑装饰行业百名优秀设计师作品集

编　　者	北京市建筑装饰协会建筑装饰设计专业委员会 北京建筑装饰设计创新产业联盟
项目策划	凤凰空间/曹　蕾　贾　琳
责任编辑	刘屹立
特约编辑	贾　琳

出版发行	凤凰出版传媒股份有限公司 江苏凤凰科学技术出版社
出版社地址	南京市湖南路1号A楼，邮编：210009
出版社网址	http://www.pspress.cn
总 经 销	天津凤凰空间文化传媒有限公司
总经销网址	http://www.ifengspace.cn
经　　销	全国新华书店
印　　刷	北京博海升彩色印刷有限公司

开　　本	889 mm × 1194 mm　1 / 16
印　　张	13
字　　数	104 000
版　　次	2017年5月第1版
印　　次	2017年5月第1次印刷

标准书号	ISBN 978-7-5537-7637-8
定　　价	188.00元

图书如有印装质量问题，可随时向销售部调换（电话：022-87893668）。

编委会

序

《2015 北京建筑装饰行业百名优秀设计师作品集》如期出版发行了，这是北京建筑装饰协会和北京建筑设计业界值得祝贺的大事。这部厚重的作品集的出版，得益于两年多来北京建筑装饰协会及协会设计专业委员会的精心组织，尤其得益于北京建筑设计业界众多建筑装饰装修企业、设计公司、室内设计师的倾情参与。这部厚重的作品集的出版，经历了“2015 年度北京市建筑装饰行业 • 北京国际建筑装饰设计大奖赛”、“2015 北京（国际）装饰产业博览会”公开评选和展览。大奖赛和博览会同时也评选、表彰了 2015 年度北京市建筑装饰行业“十佳设计机构”、2015 年度“百名优秀设计师”、2015 年度“北京国际建筑装饰设计大奖”。在此再次恭贺大家展示了才智，体现了价值，收获了荣誉。

建设资源节约型、环境友好型社会，在新的起点上推进中国建筑行业绿色装饰创新发展，建设“绿色北京”，设计是源头，更是“龙头”，任重道远。在此，我有三点希望：一是要强化创新绿色设计的理念。随着中国社会、经济、文明的进步，人们对绿色装饰的需求上升到对人性化、个性化、多样化的用户体验以及对人文道德、生态环境的关怀。绿色设计就要赋予产品和服务更丰富的物质、心理和文化内涵。广大设计师要强化“善用资源，共享福祉”的绿色发展理念，主动对应绿色装饰的社会需求，用优秀的绿色设计作品满足人们的物质、精神需求和生态环保要求，推动个人、社会与自然的可持续发展。二是承担推进绿色设计的责任。发展绿色装饰，首先设计应该是绿色的，这是我们设计师的责任。从时代发展的趋势上看，绿色设计是必然要求，是人们对科技和文化的进步所带来的环境及生态破坏的反思，同时也体现了企业家、设计师的道德和设计责任心。

绿色设计是绿色产品的源头，装饰企业和设计师都要担当起这份历史责任，严格执行绿色设计的国际标准和国内标准，用绿色设计筑起一道绿色、安全、幸福的屏障，推动个人、社会、自然的融合发展。三是要打造培育绿色设计的平台。北京建筑装饰协会充分发挥协会及协会设计专业委员会的职能作用，通过加快建设北京建筑装饰设计产业联盟，举办北京市建筑装饰行业设计大奖赛和设计双年展，出版百名优秀设计师作品集等方式，进一步整合北京市建筑装饰设计人才资源，强化协会设计服务和产品的品牌化，打造培育绿色设计的综合平台，为造就一批具有很高知名度和美誉度，有能力引领装饰行业绿色发展的旗舰企业和领军设计师队伍而不懈努力。

歌德曾说："建筑是凝固的音乐。"那我们的设计师就是这首"凝固的音乐"的伟大作曲家。设计师朋友们，新常态下，中华民族伟大复兴的强国梦已经开启了一个新的伟大时代，衷心希望你们不忘初心，不辱使命，担当责任，用绿色设计描绘炫丽的"中国梦"，用绿色设计创造更加辉煌的未来。

北京市建筑装饰协会会长

中国装饰股份有限公司董事长

2016 年 10 月

前言

刚刚结束对另一个国内设计大赛的评审工作，我欣喜地看到越来越多的设计师通过这些平台分享展示自己的作品，并且感受到他们倾注了对设计的热爱和激情。每个作品背后都有一个精彩的故事，设计师们追根溯源、推陈出新、剖析历史和文化，创造出内涵丰富的佳作。看来室内设计早已过了材料堆砌的时代，不仅在追寻空间艺术审美的潮流，而且更关注人们生活、工作、休闲环境的品质和人文关怀。

在这里，我们想表达两个观点：一、明星效益。演艺圈的明星层出不穷，但设计界的明星却凤毛麟角。我们发起这个比赛的目的之一也是希望能够涌现出越来越多的设计明星。这些明星能够发挥榜样的力量，树立团队及个人品牌形象，带领年轻的设计师进步，促进行业的发展。二、客户价值。每一位设计师都有责任对空间属性、效能、成本和美学表现的结果努力达到甚至超出客户的期望值。设计师切忌以自我为中心、违背艺术价值的思维方式，要围绕客观的客户价值目标审慎进行设计实践。

与此同时，我也看到了这个行业现存的问题。比如室内设计依然滞后于建筑设计，室内设计师与建筑设计师协同效益不佳甚至缺失。如果室内设计能同时甚至先于建筑结构设计，更加充分考虑用户的需求和利益，就会大幅度提高空间的适用性、舒适性、艺术性等。再比如设计行业招投标环节诸多不良现状导致很多设计师为了中标无奈迎合业主的不当诉求，设计作品偏离甚至罔顾专业标准。在评审过程中，我很痛心地了解到很多极其优秀的作品在投标过程中夭折，这样的后果必然会拖累整个行业的进步和发展，当然解决这个问题需要全社会共同努力。

目前，国内实体经济发展缓行、下行，大建筑行业包括室内设计行业风险交织、风雨飘摇，未来的几年也必将在高压中度过。李克强总理在 2016 年政府工作报告中提出“传统行业面临转型升级”，室内设计行业更是如此。在这样机遇和挑战并存的大形势下，设计师们要着眼于未来，把握时代的脉搏，提高设计的前瞻性，发挥独创性，结合高科技手段，在作品中体现出社会的进步和承担对社会的责任。

这本作品集从评选过程、编委的产生到编排制作，无一不是众多业内人士热情参与、积极努力的结果，还有各装饰设计企业的大力支持与协助。这一切都弥足珍贵，对整个行业意义重大，在此一并奉上谢意。

北京市建筑装饰协会设计专业委员会会长

北京弘高建筑装饰工程设计有限公司董事长

2016 年 10 月

评委组

张世礼

中国室内设计师学会名誉会长
原中央工艺美术学院副院长、教授

陆志成

清华大学美术学院环境艺术设计系教授

方晓风

清华大学美术学院教授
《装饰》杂志总编

奚聘白

北京清尚建筑设计研究院有限公司副院长

苏丹

清华大学美术学院副院长、教授

吴晞

中国建筑装饰协会副会长、设计专业委员会副主任
北京市建筑装饰协会执行副会长

韩力炜

北京市建筑装饰协会设计专业委员会会长
北京弘高建筑装饰工程设计有限公司董事长

张磊

北京筑邦建筑装饰工程有限公司常务副院长

大地正气

目录

contents

2015
北京建筑装饰行业
百名优秀设计师作品集

白笑霜

设计师

北京清尚建筑装饰工程有限公司

毕业于中央美术学院

代表作品

洛阳博物馆

上海世博会中国航空企业馆

鄂尔多斯博物馆

鄂尔多斯青铜器博物馆

重庆自然博物馆 B 标段恐龙厅

收录项目

重庆自然博物馆 B 标段恐龙厅

恐龙再现——空间

恐龙再现——上游永川龙

恐龙再现——空间

恐龙再现——剑龙类

恐龙再现——空间

陈希亮

设计院所长

中建一局集团装饰工程有限公司

毕业于沈阳工程管理学院

代表作品

国电联合动力技术（长春）有限公司室内设计方案

无锡市综合交通枢纽项目装饰工程

兰州新区综合保税区综合服务楼

收录项目

兰州新区综合保税区综合服务楼

A区门厅

报告厅

B 区大堂

会议室

一层电梯厅

联合办事大厅

陈耀宗

设计师
北京筑邦建筑装饰工程有限公司
毕业于湖南理工学院

代表作品

中国文化部办公楼
天津全国运动会组委会办公楼
北京世宁大厦——歌尔声学股份有限公司

收录项目

北京世宁大厦——歌尔声学股份有限公司

开敞办公区

休息区

休息展示大厅

前厅

开敞办公区

开敞办公区

崔光肖

注册建造师

北京华尊装饰工程有限责任公司

毕业于中国石油大学（北京）

代表作品

天津锦龙国际酒店

山东尚儒精品酒店

山东电力培训中心

山东鲁能泰山足球俱乐部

武汉喜来登大酒店

收录项目

河北亨旺投资集团迁西别墅

门厅

书房

楼梯

会客厅

主卧室

走廊

崔笑声

副教授

清华大学美术学院

毕业于中央美术学院

代表作品

北京泰富酒店（原北京蓟门酒店）

北京汽车研究总院北京汽车产业研发基地

北京采育国际会议中心

成龙耀莱国际影城（郑州店）

兰亭轩酒店室内设计

收录项目

北京泰富酒店（原北京蓟门酒店）

大堂休息区

客房

大堂

全日餐厅

戴文

副总工程师
中国建筑装饰集团有限公司
毕业于重庆建筑工程学院

代表作品

长春一汽技术中心乘用车所
西直门大酒店
国家开发银行重庆分行
上海浦发银行大连分行
上海农业银行大厦

收录项目

长春一汽技术中心乘用车所

首层大厅

中庭

餐厅

首层大厅

球形展厅

丁春亚

设计院院长

北京港源建筑装饰设计研究院有限公司

毕业于北方工业大学

代表作品

天津武清影剧院

邯郸金地大厦内装修方案设计

北京西单老佛爷百货公司

国合东港 G05-01 地块项目

长春冠城国际办公楼

收录项目

天津武清影剧院

大厅

中心剧场

侧厅

二层休息厅

中心剧场

商业餐饮公共厅

董维倩

设计师

北京丽贝亚建筑装饰工程有限公司

毕业于北京服装学院

代表作品

首都机场

成都市检察院

中纪委办公楼二期改造

重庆江北国际机场新建 T3A 航站楼室内设计

中国进出口银行总部

收录项目

重庆江北国际机场新建 T3A 航站楼室内设计

国内到达大厅

室内全景图

国内行李提取大厅

值机大厅

高峰玉

设计院所长

中建一局集团装饰工程有限公司

毕业于辽宁师范大学

代表作品

鄂尔多斯京东方项目

哈尔滨市人民政府楼会议室改造设计

长春格来得大厦建设安装与装饰工程

收录项目

长春格来得大厦建设安装与装饰工程

走廊

大会议室

开敞办公区

大堂

郭磊

设计院所长

北京丽贝亚建筑装饰工程有限公司

毕业于北京工业大学

代表作品

卡夫食品（中国）有限公司办公楼

中国航空传媒有限公司办公楼

华泰保险办公楼

泰州万达百货内装设计

晋江万达百货内装设计

收录项目

美的翰城商办楼公共空间室内设计

中庭一层

DP 点

二层过道

顾客服务中心

中庭二层

二层过道

郭唯一

项目负责人

北京弘高建筑装饰工程设计有限公司

毕业于哈尔滨师范大学

代表作品

云南金地相府商业综合体

南亚风情第一城综合体

新华联售楼处

云南滇池国际会展中心

武汉国际博览中心洲际酒店

收录项目

武汉国际博览中心洲际酒店

四季厅

二层大堂

星空会所包间

贵宾室

四季厅

绍兴府地

何丽霞

设计师

北京清尚建筑装饰工程有限公司

毕业于鲁迅美术学院

代表作品

越王城博物馆

和也睡眠博物馆

国家典籍博物馆首展

首都博物馆“大元三都”临展

故宫博物院公元 400—700 年佛教雕塑文物展

收录项目

越王城博物馆

绍兴府地

绍兴府地

越州州地

越州州地

洪金聪

设计师

北京清尚建筑装饰工程有限公司

毕业于清华大学

代表作品

北京大觉胡同20号四合院改造设计

北京凤凰城C、D、E座建筑设计

浙江杭州九龙坞别墅区规划及建筑设计

北京公安大学高级警官培训楼

天津东丽灯饰城规划及建筑设计

收录项目

北京大觉胡同20号四合院改造设计

雪景

庭院

枯山水

游廊

庭院

侯钟庞

施工图设计师

北京弘高建筑装饰工程设计有限公司

毕业于大连艺术学院

代表作品

成都来福士雅诗阁酒店

武安金桥商务酒店

北京华都中心

唐山市公安局

联想合肥研发基地

收录项目

中关村国防科技园

A座首层电梯厅

A 座东侧大堂

报告厅

D 座大堂

A 座东侧大堂水幕

胡亮

设计院院长

北京弘高建筑装饰工程设计有限公司

毕业于内蒙古建筑职业技术学院

代表作品

奥伦达酒店

北京黄石科技办公楼

连云港新海新区新世界文化活动中心

北京绿地缤纷城

北京丽都皇冠假日酒店

收录项目

连云港新海新区新世界文化活动中心

音乐前厅

入口前厅

大剧院

大剧院

音乐厅

酒吧

胡朝晖

室内设计总监

北京清尚建筑设计研究院有限公司

毕业于米兰理工大学

代表作品

通江大酒店

登封锦鹏假日酒店（五星）

三亚凤凰岛茂盛宾度假酒店（五星）

安吉温德姆至尊豪庭大酒店（白金五星）

武汉玉树临风精品酒店（五星）

收录项目

通江大酒店

标准间客房

风味餐厅

西餐厅

中餐厅

黄翔

设计院院长

中建一局集团装饰工程有限公司

毕业于北京市西城区职工大学

代表作品

上海世博会太空家园馆

中国驻莫斯科文化中心装修改造工程

大连海事大学科技园（酒店部分）

中国电科太极信息技术产业基地

收录项目

中国电科太极信息技术产业基地

C座大堂

多功能厅

贵宾接待

视频会议室

C座大堂

黄鑫

部门经理

北京城建深港建筑装饰工程有限公司

毕业于武汉纺织大学

代表作品

枣庄市体育馆装修工程

中国科学院大学礼堂装修工程

房山长阳镇起步区 4 号地 8 号别墅室内装饰工程

海淀区行政服务中心装修工程

乌兰察布机场服务楼装修工程

收录项目

房山长阳镇起步区 4 号地 8 号别墅室内装饰工程

书房

书房

主人房

老人房

霍丹

设计师

北京筑邦建筑装饰工程有限公司

毕业于辽宁塞北建筑艺术专修学院

代表作品

北京富士康二期研发中心

济宁第 23 届运动会指挥中心

文化部办公大楼

赤道几内亚议会大厦

中广核北京总部办公大楼

收录项目

赤道几内亚议会大厦

议会厅

宴会厅

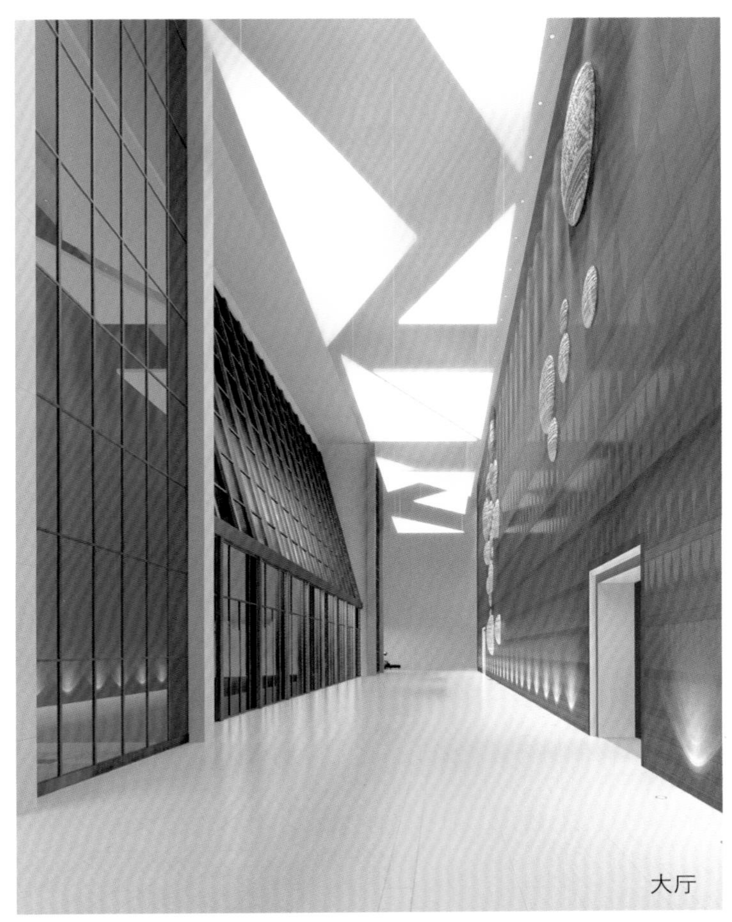
大厅

大厅

贾荣鑫

方案设计师

北京弘高建筑装饰工程设计有限公司

毕业于辽宁广播电视大学

代表作品

武汉国博洲际酒店

太阳公园住宅小区 B 地块住宅楼

成都天鑫洋集团总部办公楼室内装修

成都安琪儿月子会所室内装饰设计

长沙汇 HUI 成珠宝城工程设计

收录项目

长沙汇 HUI 成珠宝城工程设计

中庭

一层主入口

一层扶梯入口

黄金区

琉璃珍珠区

姜亮

主案设计师

神州长城国际工程有限公司

毕业于湖南商学院

代表作品

天津科技大学体育馆室内设计

南阳天润酒店室内设计

抚顺万达酒店室内设计

甘肃天水马跑泉公园会所室内设计

收录项目

天津科技大学体育馆室内设计

观众主入口门厅

学生活动大厅

活动长廊

风雨操场

甲级馆主场馆

姜研

副总设计师
北京港源建筑装饰设计研究院有限公司
毕业于清华大学美术学院

代表作品

北京银湖别墅会所
山东泰安不夜城示范单元（样板间）
宁夏银川穆斯林城样板间
陕西西安彬州花园酒店
海南海口三弦慧府售楼处

收录项目

北京银湖别墅会所

酒吧娱乐区

红酒雪茄吧

门厅

客厅

游泳池

姜义华

设计总监

中国建筑装饰集团有限公司

毕业于清华大学美术学院

代表作品

巴哈马酒店群

西直门大酒店

青岛即墨市民文化中心

敦煌丝绸之路国际会展中心

巴哈马 The point 项目

收录项目

西直门大酒店

青岛即墨市民文化中心

西直门大酒店大包间休息区

西直门大酒店贵宾接待室

西直门大酒店大堂服务台

青岛即墨市民文化中心书画摄影展厅

青岛即墨市民文化中心大堂

荆翊菲

设计总监

神州长城国际工程有限公司

毕业于首都经济贸易大学

代表作品

甘肃天水跑马泉室内设计

贵州饭店

国华酒店

埃塞俄比亚机场新酒店

收录项目

甘肃天水跑马泉室内设计

游泳池

公共空间

售楼处

餐饮区

大堂

康昕

设计院所长

中艺（北京）建筑设计研究院有限公司

代表作品

北京皇家会

vista 酵堂

啊树影视

合作成功广告公司

世纪中华建筑项目

收录项目

vista 酵堂

前台 45 度左视

前台前视

店面

前视中间

课堂后右侧

兰旭洋

项目负责人
北京弘高建筑装饰工程设计有限公司
毕业于黑龙江东方学院

代表作品

雁栖湖国际会都（核心岛）精品酒店
室内精装深化设计
雁栖湖国际会都（核心岛）10 号别墅
天津诺德英蓝国际金融中心
第九届世界园林博览会主展馆
成都环球中心商业部分

收录项目

雁栖湖国际会都（核心岛）精品酒店
室内精装深化设计

公共走廊

大堂

宴会厅

宴会前厅

大堂吧

李珂

副总设计师

北京港源建筑装饰设计研究院有限公司

毕业于吉林联合大学

代表作品

北京雁栖湖国际会都会议中心室内装饰设计

武安财富酒店室内设计

兰州中川机场二期扩建工程

扬州中瑞酒店管理学院

宝鸡幼儿园新建保教楼装修设计工程

收录项目

厦门高崎国际机场 T4 航站楼贵宾室
及头等舱装修设计

贵宾区接待室

贵宾区大堂

头等舱高端客房

头等舱阅读休息区

李珂

设计总监

中艺（北京）建筑设计研究院有限公司

毕业于中央美术学院

代表作品

廊坊德发古典家具体验馆

平仄家居上海展示中心

东阳宣明典居紫檀艺术馆

得趣茶室

德古生活美学馆

收录项目

东阳宣明典居紫檀艺术馆

入口大堂

茶室

外立面

入口接待

陈设细节

李平

设计师

北京丽贝亚建筑装饰工程有限公司

毕业于东北林业大学

代表作品

江苏中南集团综合楼室内精装修设计

梦云南深航酒店

晋中市第一人民医院室内设计

丹尼斯大卫城室内设计

苏宁云店室内设计

收录项目

北京京海大厦室内设计改造

标准间

电梯厅

会议室

特色房

标准间

李颖

资深主任设计师

北京天图设计工程有限公司

毕业于内蒙古师范大学

代表作品

首都博物馆 “燕国公主眼里的霸国”展

首都博物馆 “回望大明——走进万历朝”展

中国人民抗日战争纪念馆

国家动物博物馆

首都博物馆 “纪念殷墟妇好墓考古发掘”展

收录项目

首都博物馆 “纪念殷墟妇好墓考古发掘”展

入口

展厅

尾厅

展厅

展厅

李臣浩

主案设计师

北京弘高建筑装饰工程设计有限公司

毕业于辽宁石油大学

代表作品

西安曲江幼儿园室内设计

曲江万众国际办公楼地下车库室内精装

大连海王九岛、海王岛室内设计

西安曲江万众玫瑰园公寓

收录项目

西安曲江万众玫瑰园公寓

大堂

大堂接待处
大堂
大堂
大堂休息区

李金广

设计师

中国装饰股份有限公司

毕业于沈阳航空学院

代表作品

扬州吴道台院士会馆装饰工程

北京淮扬府内装修工程

北京福泰宫装修改造工程

收录项目

扬州吴道台院士会馆装饰工程

会馆入口

入口门厅

大堂

入口过道

李俊鹏

设计师

中国装饰股份有限公司

毕业于沈阳理工大学

代表作品

中国工商银行行史陈列馆

沈阳中国工业博物馆铁西馆

无锡市民防科普教育体验馆

青岛炮台山遗址

收录项目

中国工商银行行史陈列馆

“艰难转轨，探索前行”主题展区

“重启征程，迈向辉煌”主题展区

“与时俱进，铸魂工行”主题展区

“申设并购，布局全球”主题展区

“运筹帷幄，杨帆出海”主题展区

李志刚

方案设计负责人

北京弘高建筑装饰工程设计有限公司

毕业于郑州轻工业学院

代表作品

涿州宝鑫国际办公楼

联想合肥研发基地（一期）

兰州银行办公楼

成都绿地缤纷城

郑州宇通客车生产基地销售综合服务楼、研发办公楼及行政办公楼室内装饰设计

收录项目

郑州宇通客车生产基地销售综合服务楼、研发办公楼及行政办公楼室内装饰设计

销售办公楼门厅

行政办公楼一层门厅

大会议室

中会议室

综合服务大厅

梁旭

设计总监
神州长城国际工程有限公司
毕业于广西艺术学院

代表作品

北京万柳高尔夫会所改造工程室内外设计
北京万柳高尔夫发球台改造工程室内外设计
北京斯格森高尔夫会所室内外设计
赤峰九天大酒店（5 星）室内设计
罗田一方山水凯莱国际大酒店（5 星）室内设计

收录项目

罗田一方山水凯莱国际大酒店（5 星）室内设计

大堂

总统套房客厅

百松堂（大堂吧）

标准客房

大堂

梁笑非

设计总监
北京弘高建筑装饰工程设计有限公司
毕业于清华大学美术学院

代表作品

北京丽都皇冠假日酒店
CTS 港中旅维景国际酒店
安阳昊澜戴斯酒店
奥伦达度假酒店
武汉洲际酒店

收录项目

北京丽都皇冠假日酒店

大堂休息区

中餐厅

大堂

宴会厅

宴会前厅

外立面

四季厅

洗浴中心下沉广场

廖彦斌

主任设计师
北京城建深港建筑装饰工程有限公司
毕业于中国美术学院

代表作品

中建众懋建设有限公司办公楼装修工程
北苑大酒店装修工程
枣庄市体育馆装修工程
城建科研楼（基业大厦）内外装修工程
河北省怀来万悦广场装修工程

收录项目

北苑大酒店装修工程

职工餐厅

四季厅

林登峰

设计总监

百达（国际）设计顾问有限公司

毕业于华侨大学

代表作品

惠州双月湾檀悦豪生度假酒店

张家界禾田居度假酒店

深圳禾田居度假酒店

创维创新谷

创维总部大厦

收录项目

张家界禾田居度假酒店

西餐厅外观

全日制餐厅

栈桥

酒店客房

户外休闲平台

酒店大堂

林涛

设计师

北京筑邦建筑装饰工程有限公司

毕业于江苏理工大学

代表作品

金融街 B7 大厦中国人寿集团总部

天津于家堡 03-15 地块精装项目

新华联丽景国际酒店

中华人民共和国文化部

雅昌艺术中心

收录项目

雅昌艺术中心

会议区

前台及等候区

讨论区

展示区

移动办公区

员工区

刘存星

设计师

中国装饰股份有限公司

毕业于江汉艺术职业学院

会议室

代表作品

中国北方工业公司军贸研究院办公区室内装修设计

中节能江西总部基地室内装修设计

中国电能成套设备有限公司室内改造设计

金诺华国际移民投资公司室内装修设计

艾美院线贵阳影院室内装修设计

收录项目

中国北方工业公司军贸研究院办公区室内装修设计

前台接待

副院办公室

军贸研究院

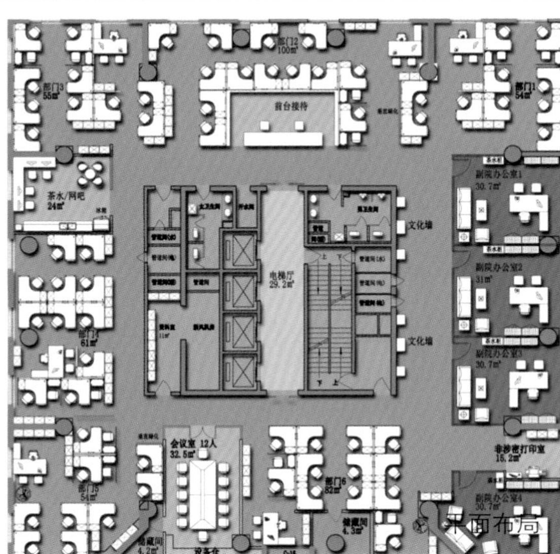
部门2
100㎡
部门3
55㎡
前台接待
部门1
54㎡
茶水/网吧
24㎡
副院办公室1
30.7㎡
文化墙
电梯厅
29.2㎡
副院办公室2
31㎡
文化墙
部门4
61㎡
副院办公室3
30.7㎡
会议室 12人
32.5㎡
非涉密打印室
15.2㎡
部门5
54㎡
部门6
82㎡
副院办公室4
30.7㎡
储藏间
4.3㎡
储藏间
4.2㎡
平面布局

刘迪

设计总监

北京筑邦建筑装饰工程有限公司

毕业于清华大学美术学院

代表作品

苏州吴中万达广场

西双版纳万达主题乐园

哈尔滨万达室内滑雪场

武汉仙鹤湖人文馆

九公山长城纪念林入口访客中心

收录项目

苏州吴中万达广场

步行街

入口

圆中庭

步行街

步行街

刘文涛

设计院执行院长

杰恩国际设计（北京）股份有限公司

毕业于清华大学

代表作品

郑州美利亚酒店（五星）

唐山世纪花园酒店（五星）

郑州凯莱酒店（五星）

冠城大通百旺府售楼处

中国进出口银行总部

收录项目

义乌市电子商务大厦

电梯厅

大堂

过厅

刘旭东

设计院所长
北京丽贝亚建筑装饰工程有限公司
毕业于大连轻工业学院

代表作品

潇湘会会所
金融街会所
国开行会所
天狮温泉酒店
嘉峪关市南湖大厦（二期）室内设计

收录项目

嘉峪关市南湖大厦（二期）室内设计

走廊

过厅局部

套房

套房会客区

地下泳池

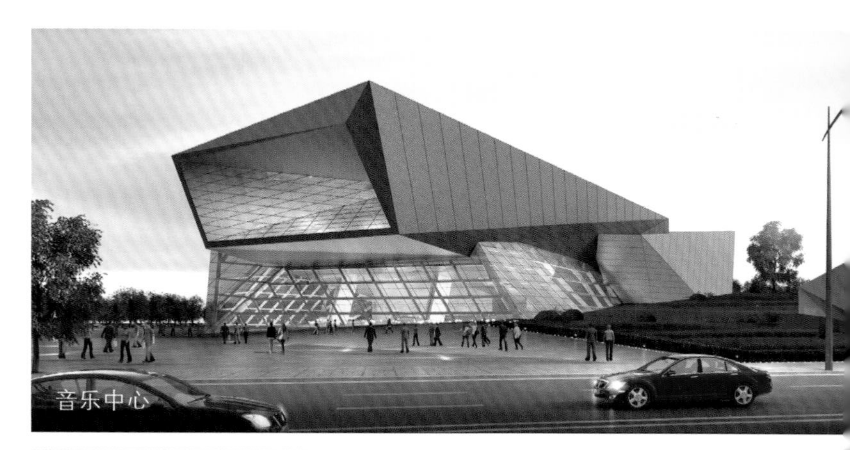
音乐中心

刘颖芳

设计院副院长

中国装饰股份有限公司

毕业于清华大学美术学院

演艺话剧中心

代表作品

辽宁艺术中心室内精装修设计

全国人大会议中心

哈尔滨电气集团江北科研基地室内装修设计工程

前门商业街改造

收录项目

辽宁艺术中心室内精装设计

前厅

话剧大堂

卢青

设计总监

北京筑邦建筑装饰工程有限公司

毕业于北京林业大学

代表作品

北京奥林匹克公园中心区景观设计

青岛海信天玺景观方案设计

青岛西环岛国际旅游岛规划方案设计

无锡万达城景观规划设计

西安万科金域东郡景观设计

收录项目

台州银泰城购物中心

一层

休闲场地

鸟瞰

休闲场地

入口

吕春

主案设计师

北京清尚建筑设计研究院有限公司

毕业于北京航空航天大学

代表作品

宽甸华彩休闲农庄设计方案

雁栖湖国际会都集贤厅设计

北京市委办公楼

辽宁国际会议中心

海口华邑酒店

收录项目

宽甸华彩休闲农庄设计方案

卧室

书房

会客厅

建筑外观

建筑门头

马强

设计师

中国装饰股份有限公司

毕业于河北科技大学

代表作品

德龙集团办公楼、综合楼

天星国际酒店

中联煤层气国家研究中心

北京合众思壮科技股份有限公司新址

北方温泉会议中心室内装饰设计

收录项目

德龙集团办公楼、综合楼

企业文化展示区

餐饮包房

前厅

贵宾接待室

毛国兴

设计院副院长
中艺（北京）建筑设计研究院有限公司
毕业于同济大学

代表作品

茅台大厦
秦皇岛戴卡创新中心
湘熙水郡售楼处及样板间
水电首郡售楼处

收录项目

茅台大厦

陈设

接待大厅

总统套房卧室

接待空间

接待室

潘旭东

设计师

北京丽贝亚建筑装饰工程有限公司

毕业于鞍山师范学院

代表作品

江苏中南集团综合楼室内精装修设计

梦云南深航酒店

晋中市第一人民医院室内设计

丹尼斯大卫城室内设计

苏宁云店室内设计

收录项目

江苏海门中南总部基地综合楼

休闲区

企业家俱乐部

大堂

大堂

咖啡吧

二楼电梯厅

乔可鑫

主任设计师

北京城建深港建筑装饰工程有限公司

毕业于江苏农林职业技术学院

西餐厅

代表作品

“中洲城南项目”A 区 1-8 号楼公共区室内工程

北京市康达律师事务所装修工程

河北省怀来万悦广场装修工程

华盖鼎盛投资有限公司办公室装修工程

北京城建道桥科技大厦室内装修工程

收录项目

北京东城区文化活动中心装修工程

大堂

图书馆前台

影院前厅

石珊珊

设计师

北京丽贝亚建筑装饰工程有限公司

毕业于沈阳师范大学

代表作品

万达大歌星 KTV 大连店

三里河 SOHO 通盈大厦样板间

中国画院香山艺术创作中心

沈阳莫子山国际会议中心

万达大歌星 KTV 广州店

收录项目

沈阳莫子山国际会议中心

会客厅

会客厅

会客厅

会客厅

会客厅

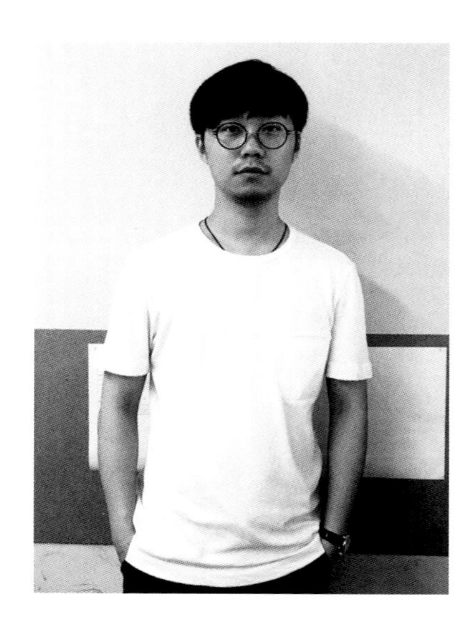

史云汉

设计师

北京清尚建筑装饰工程有限公司

毕业于鲁迅美术学院

代表作品

河北省博物院北朝壁画展厅

赣州市博物馆

首都博物馆“南水北调中线工程展”（建设篇）

中国法院博物馆

收录项目

赣州市博物馆

序厅

客家源流篇第四单元植根培元

经济文化篇匠作光辉

经济文化篇部分场景

经济文化篇民俗场景

宋佳

部门经理
北京城建深港建筑装饰工程有限公司
毕业于华北信息科技学院

代表作品

中国国学中心室内装修工程
河北省怀来万悦广场装修工程
三亚红塘湾售楼处装修工程
北京华盖鼎盛投资有限公司办公室装修工程
中建众懋建设有限公司办公楼装修工程

收录项目

中国国学中心室内装修工程

国学堂

国学堂

国学堂

贵宾接待室

外景

序厅

苏志军

设计师

北京天图设计工程有限公司

毕业于河北职业技术学院

展厅

代表作品

红旗渠纪念馆

新四军纪念馆

鄂托克部落博物馆

济南战役纪念馆

收录项目

红旗渠纪念馆

展厅

展厅

展厅

孙书佳

设计师

北京丽贝亚建筑装饰工程有限公司

毕业于沈阳师范大学

代表作品

万达大歌星 KTV 大连店

九溪恒辰会所

三里河 SOHO 通盈大厦样板间

中国画院香山艺术创作中心

沈阳莫子山国际会议中心

收录项目

九溪恒辰会所

山西临汾展源办公楼

九溪恒辰会所走廊

山西临汾展源办公楼总经理办公室

九溪恒辰会所 VIP 休息区

九溪恒辰会所 VIP 包间

山西临汾展源办公楼大堂

孙学军

设计总监

北京弘高建筑装饰工程设计有限公司

毕业于北京交通大学

代表作品

唐山新华联伯尔曼酒店

长沙融科 NH1 办公楼

于家堡 03-21 堡子里商业项目

于家堡 03-08 诺德金融大厦

收录项目

长沙融科 NH1 办公楼

电梯厅

大堂

标准层电梯厅

商业走廊

大堂

主入口夜景

吴艳新

设计总监

北京筑邦建筑装饰工程有限公司

毕业于苏州轻工业学校

代表作品

北京东方广场商业街一区改造项目

中粮集团珂菲诺咖啡厅

北京协同创新研究院 3、4、5 号办公楼

复华黄山环球酒店后勤区

人民通惠董事长办公室

收录项目

北京东方广场商业街一区改造项目

大堂

走廊

入口傍晚效果

电梯厅

大堂前台

田喆

设计院院长

北京城建深港建筑装饰工程有限公司

毕业于吉林建筑工程学院

大堂侧面

代表作品

康达律师事务所装饰工程

城建科研楼（基业大厦）内外装修工程

北苑大酒店装修工程

中国国学中心室内装修工程

国家知识产权局研发用房装修工程

收录项目

康达律师事务所装饰工程

办公室

会议室

走廊

外立面

王杨

设计师

北京城建深港建筑装饰工程有限公司

毕业于中原工学院信息商务学院

大堂

代表作品

紫竹院公园管理服务用房装修工程

城建科研楼（基业大厦）内外装修工程

北苑大酒店装修工程

乌兰察布机场服务楼装修工程

中国国学中心室内装修工程

收录项目

城建科研楼（基业大厦）内外装修工程

大堂侧面

走廊

西侧门厅

大堂

王岳

运营总监

北京丽贝亚建筑装饰工程有限公司

毕业于北京联合大学

大堂

代表作品

链家总部大楼

中关村壹号室内设计

金宝厦装饰公司

实创总部大楼

收录项目

中关村壹号室内设计

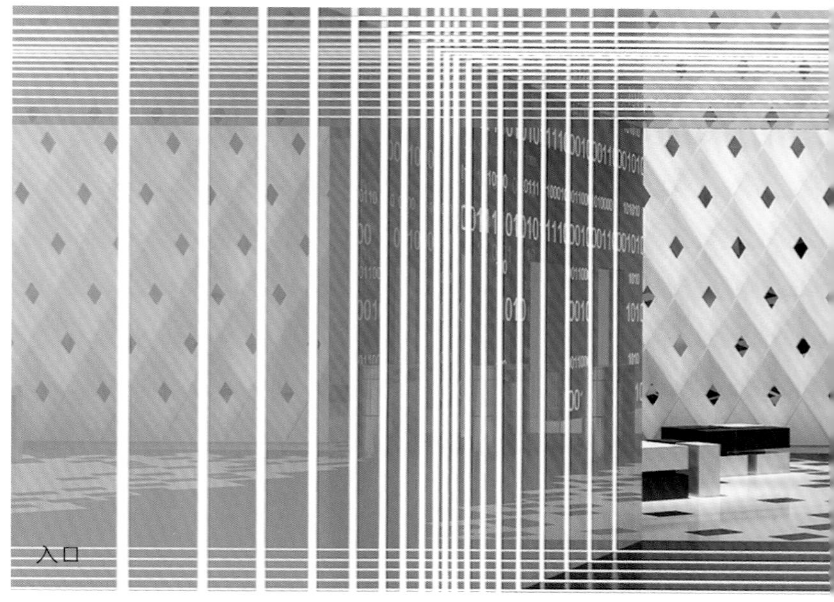
入口

大堂

大堂

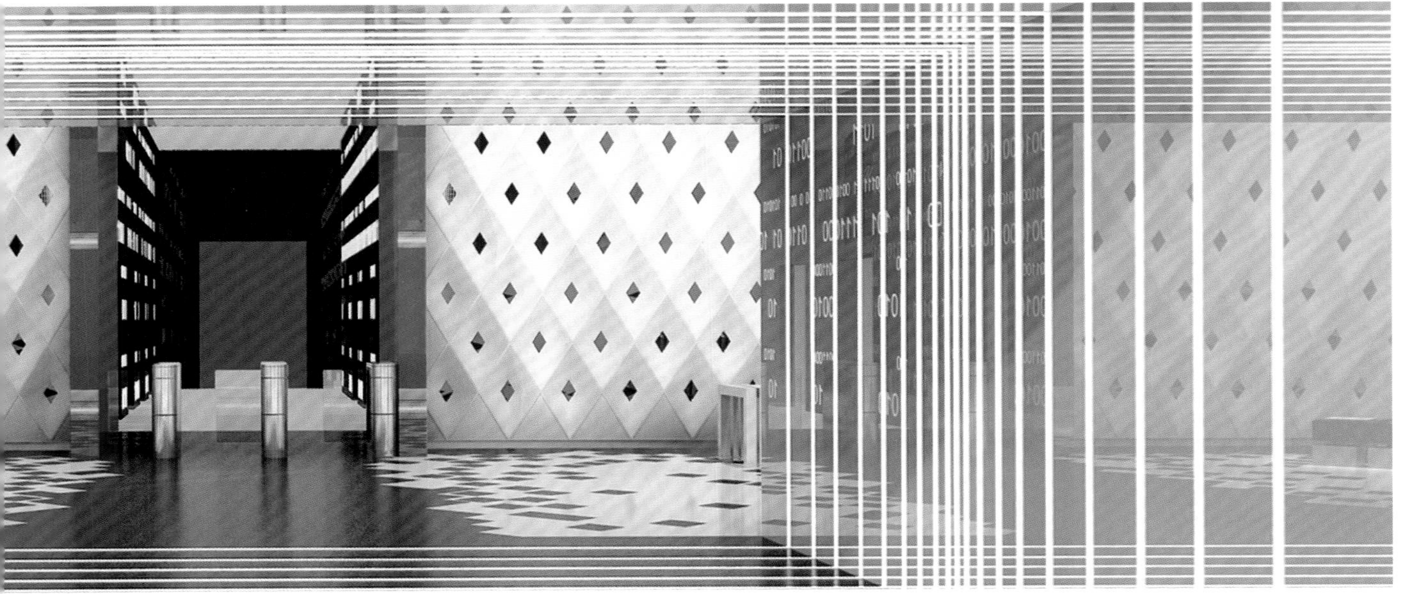

王立强

设计总监

中艺（北京）建筑设计研究院有限公司

毕业于天津工艺美术学院

代表作品

北京中钢大厦娃哈哈餐饮空间

北京青柚子日本料理空间

内蒙古呼市鼎上鲜餐饮空间

太原诚济酒店

北京额尔敦餐饮空间

收录项目

小任性火锅餐饮空间

入口空间

就餐区

就餐区

陈设细节

就餐区

王朋宾

主任设计师

北京城建深港建筑装饰工程有限公司

毕业于北京八维研修学院

代表作品

中国科学院大学礼堂装修工程

中国国学中心室内装修工程

城建科研楼（基业大厦）内外装修工程

海淀行政服务中心装修工程

中建众懋建设有限公司办公楼装修工程

收录项目

中国科学院大学礼堂装修工程

咖啡厅

休息廊

外观

主入口大厅

办公室

王世平

室内设计师
北京弘洁建设集团有限公司
毕业于商丘师范学院

代表作品

北京青云店文化培训基地
山东聊城中通客车营销楼
中粮集团茶文化体验馆

收录项目

北京青云店文化培训基地

过厅

酒店大堂

客房

禅茶室

接待区

王蔚涵

设计总监

北京华尊装饰工程有限责任公司

毕业于长春工业大学

代表作品

北京君太百货

北京太阳宫爱琴海购物中心

北京活力东方购物广场

北京枫蓝国际购物中心

收录项目

北京枫蓝国际购物中心

外观夜景

西门入口

鞋区空间

鞋区空间
Burberry
Diesel
Givenchy
鞋区空间
FERRE
FENDI
VALENTINO

王文博

设计院所长

中建一局集团装饰工程有限公司

毕业于沈阳建筑大学

代表作品

天津滨海国际机场 T2 航站楼

公共区域精装修工程

北京和成璟园楼盘精装修设计

中建一局集团办公楼

收录项目

北京和成璟园楼盘精装修设计

业主会所首层大堂

精装房 B'-2 户型

业主会所游泳池

精装房 D 户型客厅

精装房 D 户型卧室

王志辉

项目负责人

北京弘高建筑装饰工程设计有限公司

毕业于北京林业大学

代表作品

中国电力投资集团公司宝之谷项目

北京奥体南区 02 地块 A 座租赁中心

及样板层室内装饰设计

万众国际 B 座 20 层办公楼室内精装

阳光保险集团通州后援中心

收录项目

阳光保险集团通州后援中心

A 座中厅

领导办公室

三层中心区

三层会议室

前厅

王子腾

室内设计师

北京弘洁建设集团有限公司

毕业于河北美术学院

代表作品

北京金锐三期工程数据中心

北京青云店文化培训基地

山东聊城中通客车营销楼

收录项目

北京金锐三期工程数据中心

电梯厅

外宾接待区

大厅

会议室

外宾会议室

吴学业

设计师

北京弘洁建设集团有限公园

毕业于黑龙江工业学院

代表作品

中国茶文化体验馆

国家税务总局

枣庄博物馆

青云艺术酒店

武汉美术馆

收录项目

中粮茶文化体验中心

服务台与背景墙

服务台与背景墙

外观

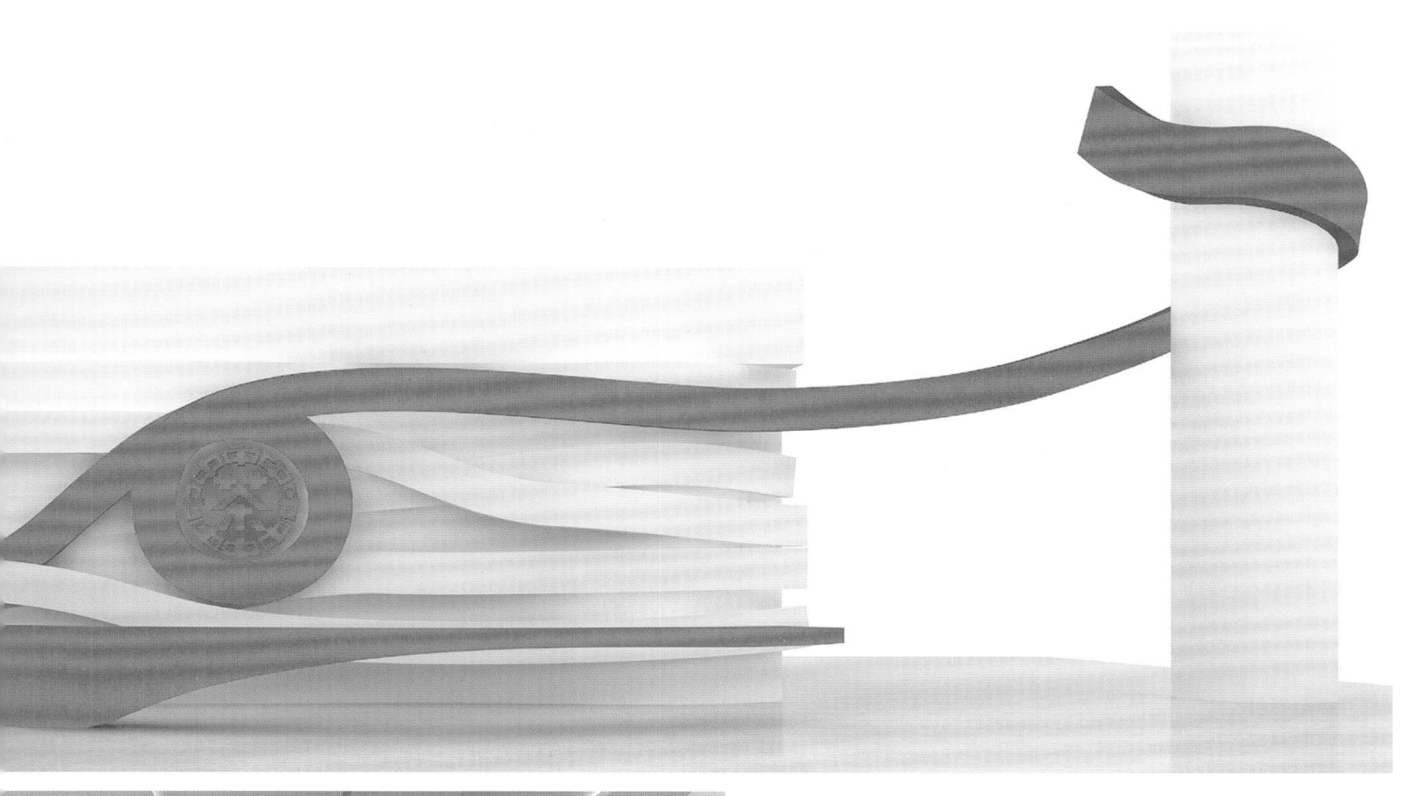

馆内景

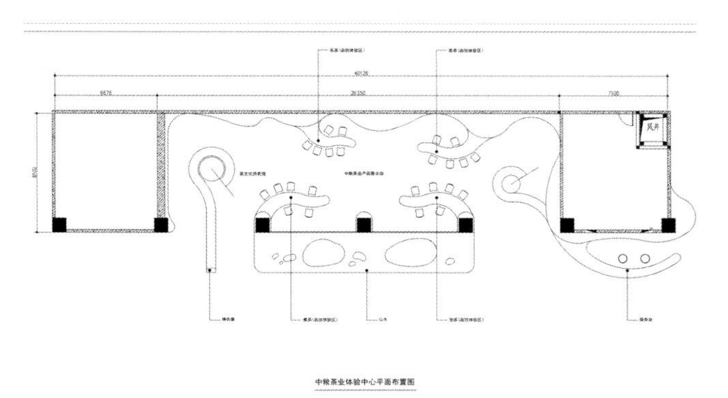

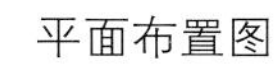

平面布置图

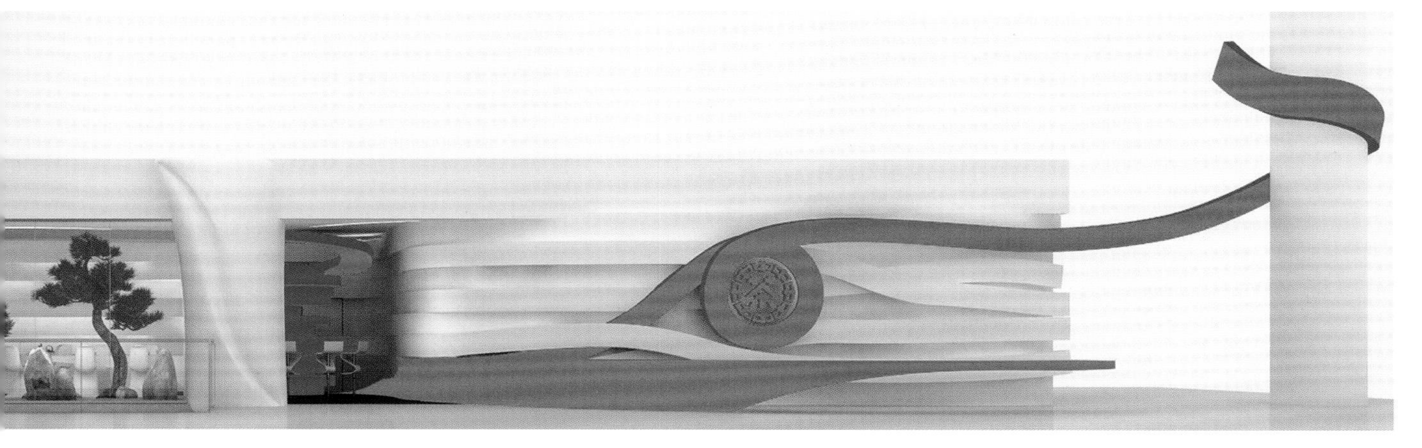

吴祖全

主任设计师

北京城建深港建筑装饰工程有限公司

毕业于赤峰学院

代表作品

乌兰察布机场服务楼装修工程

紫竹院公园管理服务用房装修工程

北京城建道桥科技大厦装修工程

海淀行政服务中心装修工程

国家知识产权局研发用房装修工程

收录项目

海淀行政服务中心装修工程

三层大厅水景区

五层中庭

首层前台

首层大堂

首层电梯厅

大堂吧

谢金良

设计院副院长

中国装饰股份有限公司

毕业于清华大学美术学院

代表作品

江苏省泰州市国贸东方大酒店

江苏省扬州市工艺坊

江苏省扬州市会议中心二期酒店

江苏省扬州市紫藤园酒店

江苏省扬州市扬州迎宾馆国宾楼

收录项目

江苏省扬州市扬州迎宾馆国宾楼

大堂

单人间

会见厅

总统套房

辛建林

总经理、设计院院长

中国装饰股份有限公司

毕业于北京民族大学

代表作品

扬州市迎宾馆七号楼（涌泉楼）

北京淮扬府内装修工程

中国淮扬菜博物馆（淮扬菜研发中心）装修工程

街南书屋修复工程（装饰部分）

扬州迎宾馆3号综合楼装饰工程

收录项目

街南书屋修复工程（装饰部分）

大堂

入口门厅

丛书楼

四书堂

报告厅

餐厅

徐建

设计总监

中艺（北京）建筑设计研究院有限公司

毕业于山东建筑大学（原山东建筑工程学院）

代表作品

长安太和

北京祥云售楼处

昆明西山万达广场

浙江金华万达广场

北京国悦府

收录项目

万科台湖公园里 007 地块项目

次卧

客厅

主卧

徐晓黎

室内设计师

中艺（北京）建筑设计研究院有限公司

毕业于加拿大瑞尔森大学（Ryerson University）

代表作品

中国五矿集团总部

九华山庄酒店规划及室内设计

墨西哥 Ottominini 土著博物馆

泰德药业中国总部

收录项目

九华山庄酒店规划及室内设计

大堂

前厅

接待区

茶区

茶区

杨东

主任设计师

北京港源建筑装饰设计研究院有限公司

毕业于吉林艺术学院

代表作品

沈阳桃仙机场 vvip 贵宾楼室内精装修工程

湖北玉丰国际大酒店

长河湾办公及会所室内精装设计项目

国合东港 G05-01 地块项目

博远业主服务中心

收录项目

湖北玉丰国际大酒店

中餐包房

大堂吧

自助餐厅

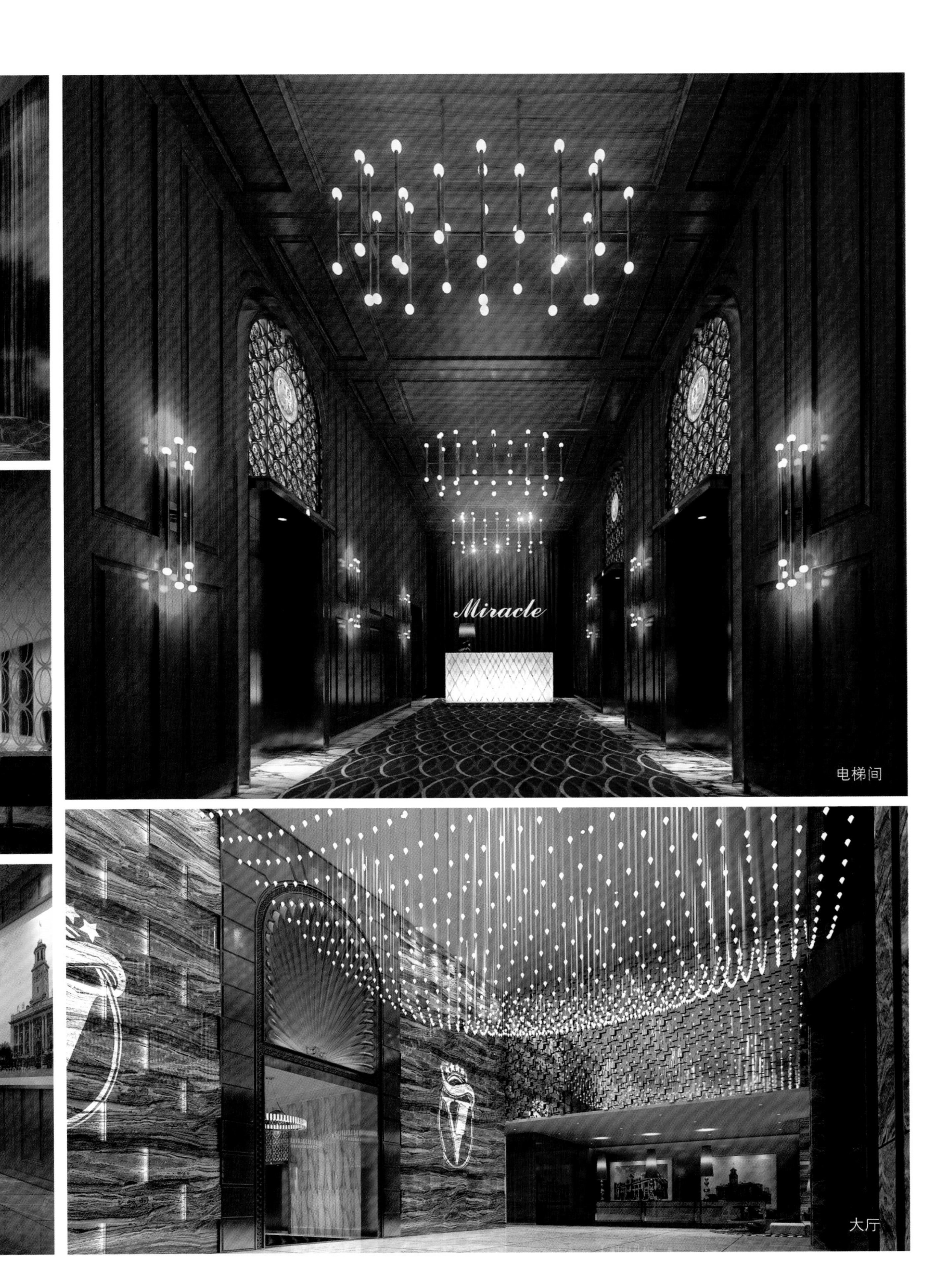

电梯间

大厅

杨文杰

总经理

北京清尚建筑设计研究院有限公司

毕业于清华大学美术学院（原中央工艺美术学院）

代表作品

西咸空港综合保税区

事务服务中心室内精装修设计

西安热工研究院有限公司

科研试验及产业基地一期室内装修设计

中国人寿陕西省分公司综合楼室内设计

西安西藏大厦

收录项目

西安西藏大厦

大堂吧

茶吧

行政走廊

标准客房

贵宾接待室

杨鑫

设计师

北京筑邦建筑装饰工程有限公司

毕业于北京城市学院

代表作品

四川国际网球中心

成都华侨城剧院

三亚市内免税店

山水文园东园三段 E6 户型样板间

山水文园东园三段 08、09 户型样板间

收录项目

山水文园东园三段 E6 户型样板间

底跃户型餐厅

底跃户型家庭室

顶跃户型起居室

标准层户型起居室与餐厅

叶城

设计总监

中艺（北京）建筑设计研究院有限公司

毕业于江西理工大学

代表作品

河北格雷服装创意产业园办公区

胜利油田电力管理总公司办公楼室内设计

山西万通源大酒店（五星）

室内装饰工程室内设计

中视体育推广有限公司办公室室内设计

收录项目

河北格雷服装创意产业园办公区

门厅

公共休闲区

开敞办公区

门厅

大会议室

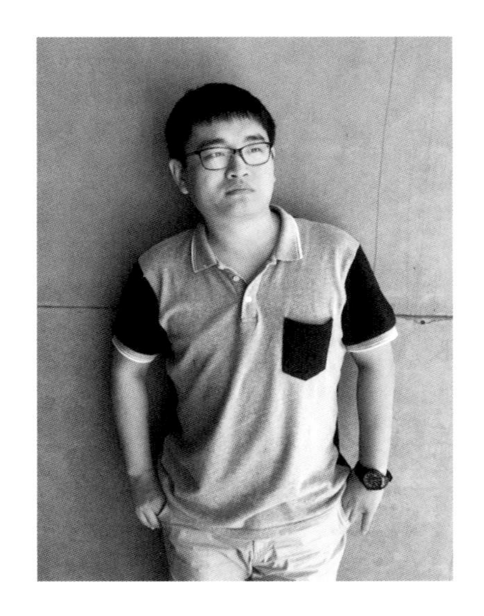

休闲区

尹长龙

设计主管

北京筑邦建筑装饰工程有限公司

毕业于潍坊学院

代表作品

天津环球金融中心

大连琥珀湾别墅

北京融化世家住宅项目

三亚青海酒店

金融街 A1 办公楼

收录项目

大连琥珀湾别墅

楼梯

客厅

卧室

尤国杰

深化设计师

北京港源建筑装饰设计研究院有限公司

毕业于东北林业大学

代表作品

甘肃福门开元大酒店

怀柔国际会都雁栖湖 10 号贵宾楼

北京会议中心 8 号贵宾楼

北京英皇凯特大厦

枣庄市民中心游泳馆

收录项目

甘肃福门开元大酒店

大堂接待区

客房电梯厅

行政酒廊

宴会厅

大堂

于海滨

设计院所长

中国建筑装饰集团有限公司

毕业于湖北文理学院

代表作品

厦门海峡旅游服务中心（客运码头三期）

敦煌丝绸之路国际会展中心

收录项目

厦门海峡旅游服务中心（客运码头三期）

商场一层中庭

一层商业走廊

出境等候大厅

候船区

海关大厅

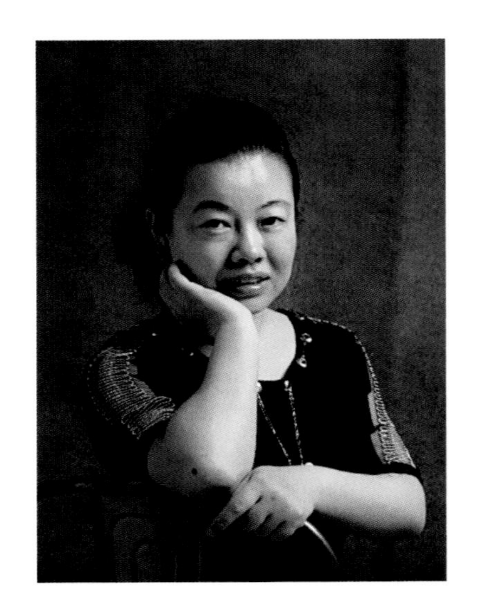

阅览室

战雪菲

设计经理

北京华尊装饰工程有限责任公司

毕业于黑龙江东方学院 、黑龙江大学

代表作品

中国人民解放军总医院（301 医院）

北京银行知春路支行

海南儋州蓝洋海港温泉度假村

海南琼海椰风海岸养生海景房

华夏基金办公楼

收录项目

首都图书馆古籍阅览室、展览室

展览室

展览室

展览室

阅览室

张高屹

设计师

北京清尚建筑设计研究院有限公司

毕业于清华大学美术学院(原中央工艺美术学院)

代表作品

成都高新豪生酒店室内陈设设计

北京九章别墅样板间

南京赤山湖游客中心建筑及室内设计

葛洲坝海棠福湾(北区高层公寓)新E、新F户型
　　室内精装修及首层功能区室内精装修设计

收录项目

北京九章别墅样板间

客厅

餐厅

主卫

客房

主卧

张蕾蕾

项目负责人

北京弘高建筑装饰工程设计有限公司

毕业于天津科技大学

代表作品

郑州大学第一附属医院郑东新区

包头市艾普托康复医院室内装饰设计

通州中医医院二期装饰装修设计

平安好医沈阳医学影像中心项目

收录项目

包头市艾普托康复医院室内装饰设计

办公前台

员工餐厅

大厅

单人病房会客厅

电梯厅

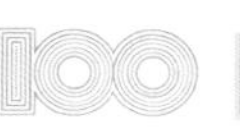

张鹏飞

设计师

中国装饰股份有限公司

毕业于北京林业大学

代表作品

江苏省扬州市扬州商城

江苏省扬州市锦春园大酒店

江苏省扬州市澜亭禧悦酒店

广西省柳州市机场

江苏省杭州市专机楼

收录项目

扬州市会议中心酒店

大堂公共区

客房

会议中心大堂

大堂休息区

宴会厅

张松涛

主任设计师

北京清尚建筑设计研究院有限公司

毕业于中央美术学院

代表作品

四川金牛宾馆

北京京能万豪大酒店

中石化西南局办公大楼

新华社办公楼

海关总署办公楼

收录项目

北京昌平大型旅游商业文化综合体（奥莱欢乐城）项目五星级酒店（行政别院部分）室内设计

大堂

宴会厅

套间

总统套房

张万磊

设计师

北京丽贝亚建筑装饰工程有限公司

毕业于北京服装学院

代表作品

国际交流与技术转移中心

中国民生银行郑州分行新办公楼装修工程

山东齐鲁晚报美术馆

北京银行济南分行艺术品拍卖中心

山东临沂国家电网智能营业厅

收录项目

北京银行济南分行艺术品拍卖中心

休息区

电梯间

展厅

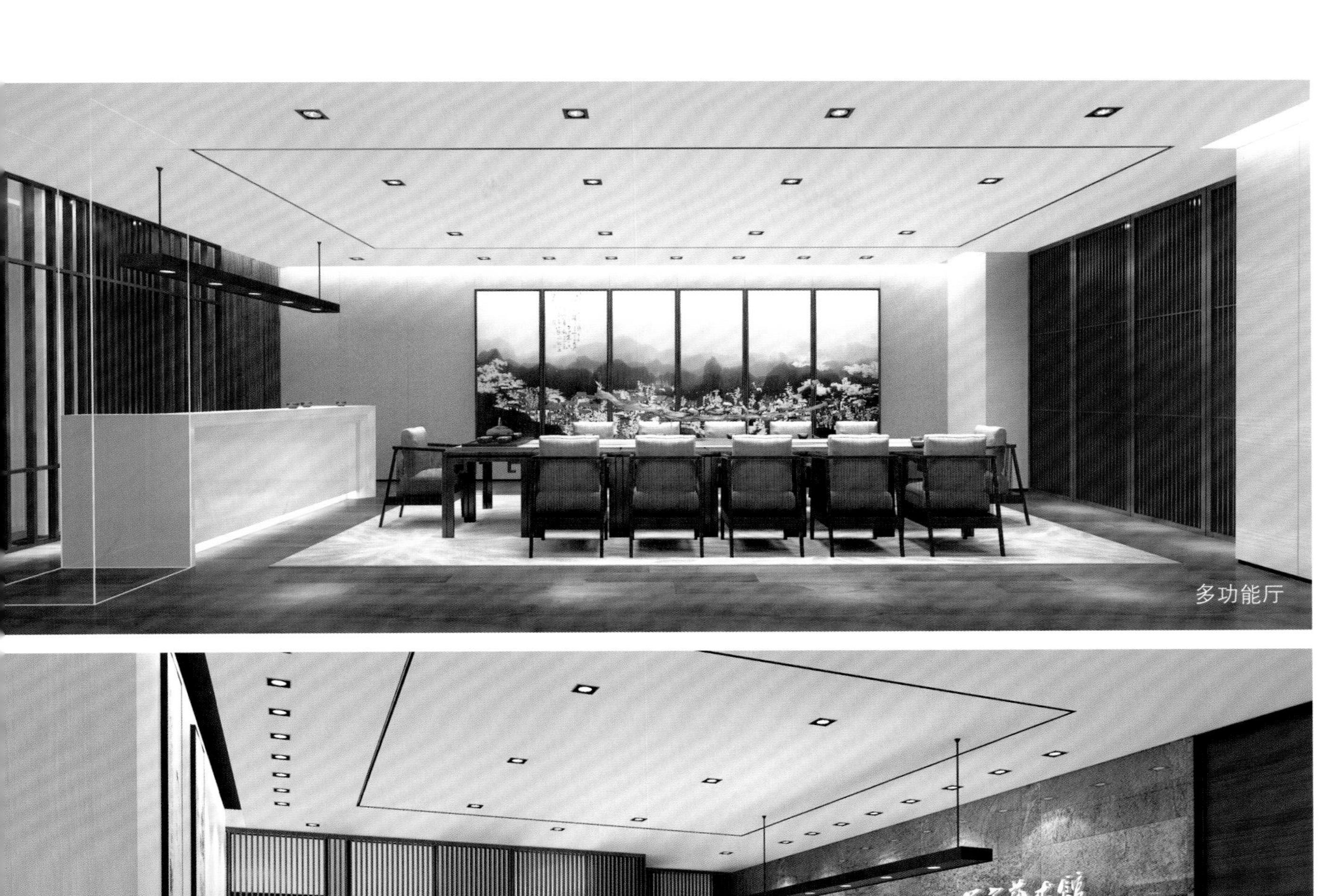

多功能厅

门厅

门厅

张晓明

设计院所长

北京丽贝亚建筑装饰工程有限公司

毕业于辽宁工业大学

多功能厅

代表作品

贵阳贵航喜来登酒店

赤道几内亚马拉博国际会议中心

北京地铁 6 号线东四站

山东海阳核电站综合办公楼

乐道互动网游公司

收录项目

乐道互动网游公司

大厅

水吧

开敞办公区

张振华

设计师

北京清尚建筑装饰工程有限公司

毕业于北京交通大学

代表作品

中国资本市场 20 年成就展

天津博物馆新馆通史展陈设计

江苏无锡阖闾城遗址博物馆展陈设计

长江文明馆自然区展陈设计

收录项目

长江文明馆自然区展陈设计

人间奇观，胜景天成

物华天宝，大江厚赠

中心沙盘

百川汇聚，有容乃大

沧海桑田，巨流诞生

赵彤

常务总经理

北京天图设计工程有限公司

毕业于清华大学

代表作品

北京周口店遗址博物馆

中国人民抗日战争纪念馆

中国海关博物馆

首都博物馆“早期中国——中华文明起源”展

许昌市博物馆“许之昌——许昌历史文化陈列”展

收录项目

北京周口店遗址博物馆

展厅

展厅

走廊

俘、外交使节
Civilians, Captives and
虐杀战俘
死难同胞
300000余人
第二单元
Section II
实施无差别轰炸
展厅

实施化学战
Launching Chemical War
侵华日军在中国使用化学武器的省区示意图
常德会战敌军用毒概况略图
展厅

郑文胜

主任设计师

北京清尚建筑设计研究院有限公司

毕业于清华大学美术学院（原中央工艺美术学院）

代表作品

遵义交通博物馆

苟坝度假村

西藏自然科技博物馆

毛泽东遗物馆

任弼时纪念馆展陈设计

收录项目

任弼时纪念馆展陈设计

序厅

中厅

尾厅

五卅运动

长沙求学

种晨浩

室内设计师

北京弘洁建设集团有限公司

毕业于唐山学院

代表作品

山东聊城中通客车营销楼

中粮集团茶文化体验馆

北京理工大学咖啡馆

收录项目

山东聊城中通客车营销楼

中庭

培训室

大会议室

门厅

周昕

高级设计师

中国建筑装饰集团有限公司

毕业于吉林建筑大学

代表作品

国海中心 B 座

中国华能大厦

北京香格里拉二期室内精装

深圳平安金融中心

上海环球金融中心

收录项目

国海中心 B 座

前台接待

电梯厅

员工餐厅

健身房

董事专家层中厅

周飞宇

室内设计师

北京弘洁建设集团有限公司

毕业于石家庄建工科技专修学院

代表作品

鞍山殡仪馆

中粮集团茶文化体验馆

北京青云店文化培训基地

收录项目

鞍山殡仪馆

宿舍大堂

小包间

领导办公室

大包房

餐饮大厅

周庆国

设计院院长

北京弘高建筑装饰工程设计有限公司

毕业于东方文化艺术学院

代表作品

新华联总部办公大楼室内设计方案

东方国信办公楼

中旅大厦（CTS）室内精装修工程

中国光大银行北京分行网点装修

上海华电大厦室内装饰装修设计

收录项目

上海华电大厦室内装饰装修设计

首层电梯

标准层电梯厅

员工餐厅

公共卫生间

大堂

朱崇庆

主案设计师
北京弘高建筑装饰工程设计有限公司
毕业于辽宁工业大学

代表作品

华蓥金辉酒店
东湖 VR 小镇亚朵酒店
郑州大学第一附属医院
青岛杰正财富中心
北大国际医院

收录项目

华蓥金辉酒店

大堂

宴会厅灯光

中餐散座

大堂

标准双床房